Arun Kumar R
Vishal B
Vivek Anandh K M

Conceção de uma máquina agrícola polivalente e versátil

Arun Kumar R
Vishal B
Vivek Anandh K M

Conceção de uma máquina agrícola polivalente e versátil

ScienciaScripts

Imprint

Cover image: www.ingimage.com

This book is a translation from the original published under ISBN 978-620-4-73672-3.

Publisher:
Sciencia Scripts
is a trademark of
Dodo Books Indian Ocean Ltd. and OmniScriptum S.R.L publishing group

120 High Road, East Finchley, London, N2 9ED, United Kingdom
Str. Armeneasca 28/1, office 1, Chisinau MD-2012, Republic of Moldova, Europe
Managing Directors: Ieva Konstantinova, Victoria Ursu
info@omniscriptum.com

Printed at: see last page
ISBN: 978-620-8-59031-4

CONCEPÇÃO E FABRICO DE UMA MÁQUINA AGRÍCOLA POLIVALENTE

LISTA DE ABREVIATURAS

SYMBOLS	ABBREVIATIONS
σ_t	Tensile Stress
mm	Milli meter
cm	Centi meter
hp	Horse-power
N-m	Newton meter
Kg-m	Kilogram meter
lbs-ft	Pound-feet
FOS	Factor of Safety
T	Torque
rpm	Revolutions per minute
d	Diameter

RESUMO

O sector agrícola está a adotar cada vez mais fontes de energia não convencionais para aumentar a eficiência, e este projeto centra-se numa máquina agrícola versátil concebida para executar uma variedade de tarefas. Este equipamento multifuncional é capaz de alimentar sementes, pulverizar pesticidas, fungicidas e fertilizantes, bem como cortar, oferecendo aos agricultores uma ferramenta económica e altamente adaptável. O seu design garante facilidade de limpeza, manutenção e manuseamento, ao mesmo tempo que elimina a necessidade de consumo direto de combustível, reduzindo assim os custos operacionais. Esta máquina aproveita a potência de um trator para realizar todas as actividades agrícolas necessárias. O processo de mecanização incorpora um sistema híbrido que liga a fonte de energia às várias funções da máquina. Especificamente, o projeto utiliza uma haste de de força (TDF) para transmitir a potência do trator, que acciona operações como a sementeira, a pulverização, a lavoura e o corte, agilizando o trabalho agrícola e beneficiando grandemente os agricultores no campo.

CAPÍTULO-1
INTRODUÇÃO

A agricultura é a espinha dorsal da Índia. O arroz e o trigo são um dos novos objectivos da agricultura em que ainda não participam muitos investigadores e fabricantes. Este sector enfrenta alguns problemas, como a maximização do lucro, o aumento da produtividade e a redução dos custos. Na Índia, são utilizados dois tipos de equipamento agrícola: o método manual (método convencional) e o tipo mecanizado. A mecanização implica a utilização de um dispositivo híbrido entre a fonte de energia e o trabalho. Este dispositivo híbrido transfere normalmente o movimento, por exemplo, de rotativo para linear, ou proporciona amplas vantagens mecânicas, como o aumento, a diminuição ou a alavancagem da velocidade. As máquinas agrícolas são máquinas utilizadas na agricultura ou noutras actividades agrícolas. A agricultura mecanizada é um processo de utilização de máquinas agrícolas para mecanizar o trabalho agrícola, aumentando consideravelmente a produtividade dos trabalhadores agrícolas. Nos tempos modernos, as máquinas motorizadas substituíram muitos trabalhos agrícolas anteriormente efectuados por mão de obra manual ou por animais de trabalho, como bois, cavalos e mulas. Toda a história da agricultura contém muitos exemplos da utilização de ferramentas, como a enxada e o arado. Mas a integração contínua de máquinas desde a Revolução Industrial permitiu que a agricultura se tornasse muito menos intensiva em termos de mão de obra. O maior benefício da automatização é o facto de poupar mão de obra. No entanto, também poupa energia e materiais e melhora a qualidade, a exatidão e a precisão. A alimentação de sementes, a aspersão de pesticidas e o corte de culturas são as fases importantes no domínio da agricultura. A conceção de uma máquina de equipamento agrícola polivalente ajudará os agricultores indianos nas zonas rurais e nas pequenas explorações agrícolas. Reduzirá o custo da alimentação de sementes, da aspersão de pesticidas e do corte de culturas no campo e ajudará a aumentar o nível económico de um agricultor indiano.

1.1 AGRICULTURA NA ÍNDIA

A agricultura na Índia tem uma longa história que remonta a dez mil anos. Atualmente, a Índia ocupa o segundo lugar a nível mundial em termos de produção agrícola. Os sectores agrícola e afins, como a silvicultura, a exploração florestal e a pesca, representaram 16,6% do PIB em 2007, empregaram 60% da mão de obra total e, apesar de um declínio constante da sua parte no PIB, continuam a ser o maior sector económico e desempenham um papel significativo no desenvolvimento socioeconómico global da Índia. A Índia é o maior produtor mundial de leite, castanha de caju, coco, chá, gengibre, curcuma e pimenta preta. Tem também o maior efetivo bovino do mundo (281 milhões). É o segundo maior produtor de trigo, arroz, açúcar, amendoim e peixe de águas interiores. É o terceiro maior produtor de tabaco. A Índia é responsável por 10% da produção mundial de fruta, ocupando o primeiro lugar na produção de banana e sapota. A população da Índia está a crescer mais rapidamente do que a sua capacidade de produzir arroz e trigo.

1.2 PROBLEMAS NA AGRICULTURA:

O lento crescimento da agricultura é uma preocupação, uma vez que cerca de dois terços da população indiana dependem do emprego rural para viver. As práticas agrícolas actuais não são sustentáveis nem do ponto de vista económico nem ambiental e os rendimentos de muitos produtos agrícolas na Índia são baixos. A má manutenção dos sistemas de irrigação e a ausência quase universal de bons serviços de extensão

são alguns dos factores responsáveis. O acesso dos agricultores aos mercados é dificultado por estradas deficientes, infra-estruturas de mercado rudimentares e regulamentação excessiva. Além disso, a mão de obra humana na agricultura registou um declínio importante nos últimos anos, o que afectou as pessoas que possuem terras agrícolas, o que também irá aumentar no futuro, devido ao facto de as pessoas estarem a sair das aldeias para procurar emprego e de a geração seguinte, que tem formação, estar a exercer outras profissões.

CAPÍTULO - 2

PESQUISA BIBLIOGRÁFICA

A contribuição económica da agricultura para o PIB da Índia está a diminuir continuamente com o crescimento económico generalizado do país. No entanto, a investigação e desenvolvimento (I&D) no sector agrícola na Índia deu um contributo impressionante no passado. No entanto, o sistema está atualmente sob grande pressão devido à falta de clareza quanto aos objectivos e à utilização ineficaz dos recursos financeiros. As ligações entre as instituições congéneres enfraqueceram e a responsabilização diminuiu ao longo do tempo.

Ramesh D; Este trabalho de investigação apresenta "Agriculture Seed Sowing Equipment: A Review". A presente análise fornece informações breves sobre os vários tipos de inovações no equipamento de sementeira de sementes. O objetivo básico da operação de sementeira é colocar a semente e o fertilizante em filas com a profundidade e o espaçamento entre sementes desejados, cobrir as sementes com terra e proporcionar uma compactação adequada sobre a semente.

Kannan A: Este trabalho de investigação apresenta a alteração da conceção de uma máquina de sementeira polivalente, que descreve o objetivo da sementeira e a importação da maquinaria, que é de grandes dimensões e tem um custo mais elevado. Para o evitar, é concebida uma máquina de sementeira polivalente que consiste numa tremonha, num mecanismo de medição das sementes, numa roda de terra, num sistema de transmissão de potência, num distribuidor de sementes e num motocultivador. Foi concebida com o software PRO-E. Pulverizador de mochila que pode ser transportado nas costas do operador, com um depósito com capacidade para 20 litros. Uma alavanca manual é acionada continuamente para manter a pressão, o que torna a saída do pulverizador de mochila mais uniforme do que a de um pulverizador de mão. Os pulverizadores de mochila básicos de baixo custo geram apenas baixa pressão e não têm caraterísticas como bombas de alta pressão, controlo de ajuste da pressão (regulador) e manómetro que se encontram nas unidades de qualidade comercial. Os pulverizadores operados por motor produzem normalmente saídas de pulverização mais consistentes, cobrem a faixa de pulverização de forma mais uniforme, funcionam a uma velocidade constante e resultam numa cobertura muito mais uniforme do que a pulverização manual. Os pulverizadores motorizados também são capazes de pulverizar maior pressão para proporcionar uma melhor cobertura. Existem muitos outros tipos de pulverizadores manuais que não são muito utilizados na agricultura. Alguns podem ser amplamente utilizados para a produção de produtos específicos. Jeremy, em 2005, concebeu e fabricou uma máquina de corte com carregamento solar. A máquina estava dependente das condições climatéricas, uma vez que a bateria era carregada através de um painel solar. O inconveniente comum era o facto de o motor funcionar lentamente e de o custo de produção ser elevado para uma pessoa comum.

Victor e Vern's conceberam e desenvolveram uma monda rotativa motorizada para arroz em terrenos húmidos. A natureza complexa da máquina torna a sua manutenção e funcionamento difíceis para os camponeses. Na Índia, são geralmente utilizados os métodos convencionais de agricultura, que são mais complicados e exigem mais tempo e mão de obra. A utilização de equipamento agrícola no mundo está a aumentar. Na utilização de ferramentas agrícolas, a Índia contribui apenas com 16%, de acordo com o inquérito realizado no ano de 2011. Alimentador de sementes (soprador duplo de alta velocidade) O objetivo do alimentador de sementes é reduzir o tempo de plantação de sementes e aumentar a produtividade. É necessário mais tempo para a plantação nos campos, uma vez que a alimentação de sementes é um trabalho especializado. Também existe a necessidade de uma distribuição uniforme das sementes na exploração agrícola. Assim, este projeto ajuda a minimizar os esforços humanos envolvidos na plantação e poupa tempo. Um soprador de extremidade dupla é instalado para este trabalho, que consiste em duas extremidades diferentes e duas câmaras de sementes diferentes, de modo que duas sementes diferentes podem ser alimentadas ao mesmo tempo. Gestão de pragas (mecanismo de pulverização de 3 eixos) "Praga" é definida como qualquer espécie, estirpe ou biótipo de planta, animal ou agente patogénico prejudicial para as plantas ou produtos vegetais. De uma forma simples, a praga inclui insectos, agentes patogénicos e ervas daninhas. Existe uma preocupação crescente com a utilização eficaz de pesticidas e outras técnicas de controlo de pragas para aumentar a produção agrícola. A inclusão do pulverizador na máquina agrícola polivalente utiliza um tubo de pulverização e um depósito de fluido que também é fácil de manusear. O tubo de pulverização pode mover-se nos três eixos, ou seja, X, Y e Z, e a bomba é alimentada por energia solar, o que torna a pulverização livre de poluição e eficaz.

CAPÍTULO - 3

OBJECTIVO DO PROJECTO

O principal objetivo do projeto é desenvolver um veículo agrícola polivalente, para realizar as principais operações agrícolas, como lavrar, semear, regar, pulverizar pesticidas e cortar, o que, por sua vez, reduz a dependência do trabalho humano e, ao mesmo tempo, é também rentável. A modificação inclui o fabrico de um veículo de dimensões compactas. O projeto consiste na conceção de uma máquina que simplifica muito o cultivo. A conceção do chassis do veículo é feita de forma a ser adequada para as operações. O equipamento de sementeira automática de sementes é fabricado com uma tremonha e uma transmissão por correia. O protótipo de uma ferramenta de lavoura é utilizado juntamente com a máquina de cortar que é utilizada para criar forragem para os animais. Este projeto foi concebido para resolver os problemas de mão de obra enfrentados pelos pequenos e marginais agricultores. Uma vez que a maioria dos pequenos agricultores e dos agricultores marginais possui um mini-trator, este veículo agrícola polivalente é alimentado por esses tractores em vez de uma fonte de energia separada.

CAPÍTULO - 4

DESCRIÇÃO DOS EQUIPAMENTOS

4.1 MOTOR CA

Um motor CA é um motor elétrico alimentado por corrente alternada (CA), um tipo de corrente que inverte a direção periodicamente. O motor CA é normalmente constituído por dois componentes fundamentais: um estator exterior e um rotor interior. O estator, equipado com bobinas ligadas a uma fonte de corrente alternada, gera um campo magnético rotativo. Este campo induz um campo magnético correspondente no rotor, que está ligado a um eixo de saída e produz o seu próprio campo magnético rotativo. Dependendo da conceção, o campo magnético do rotor pode ser criado utilizando ímanes permanentes, saliência de relutância ou empregando enrolamentos eléctricos alimentados por corrente contínua ou alternada.

Para além dos motores CA rotativos comuns, existem motores lineares CA menos frequentes, que funcionam segundo princípios semelhantes. No entanto, nestes motores, os componentes fixos e móveis estão dispostos numa configuração linear em vez de rotativa. Esta conceção resulta na produção de movimento linear em vez de movimento rotativo. Os motores CA podem ser classificados em dois tipos principais:

motores de indução e motores síncronos. Os motores de indução, também conhecidos como motores assíncronos , dependem de um fenómeno chamado "deslizamento", que é uma ligeira diferença de velocidade entre o campo magnético rotativo produzido pelo estator e a velocidade do rotor. Este deslizamento induz uma corrente nos enrolamentos CA do rotor, permitindo que o rotor gire. No entanto, à velocidade síncrona (a velocidade à qual o campo magnético do estator roda), o motor não pode produzir binário porque o escorregamento desaparece, impossibilitando a indução de corrente no rotor. Por outro lado, os motores síncronos funcionam sem depender da indução de escorregamento. Utilizam ímanes permanentes, pólos salientes (pólos que se projectam para fora), ou enrolamentos do rotor excitados independentemente. Um motor síncrono mantém um controlo preciso e funciona exatamente à velocidade síncrona, gerando o seu binário nominal a esta velocidade. Uma variante avançada é o motor síncrono de rotor bobinado sem escovas duplamente alimentado. Este motor tem um enrolamento de rotor excitado de forma independente que não depende dos princípios de indução de deslizamento, permitindo-lhe funcionar à frequência de alimentação ou a qualquer múltiplo desta, tanto sub-síncrono como super-síncrono. Para além destes tipos comuns de motores CA, outros motores especializados incluem motores de correntes de Foucault, bem como máquinas CA e CC comutadas mecanicamente. Nestas máquinas, a velocidade é influenciada pela tensão e pela configuração dos seus enrolamentos, oferecendo vantagens distintas em aplicações específicas.

4.2. CILINDRO HIDRÁULICO

Um sistema hidráulico é um sistema de transmissão de energia que utiliza um fluido incompressível, normalmente óleo, para transferir energia de um local para outro. Este método, muitas vezes referido como "óleo hidráulico", tornou-se amplamente utilizado em várias aplicações, particularmente na engenharia de máquinas-ferramentas e na transmissão de energia. Os sistemas hidráulicos são altamente versáteis e eficientes, oferecendo uma solução mais compacta em comparação com as ligações mecânicas tradicionais, como engrenagens, cames e alavancas. Uma das principais vantagens é o facto de não necessitarem de lubrificação, reduzindo significativamente o desgaste dos componentes móveis.

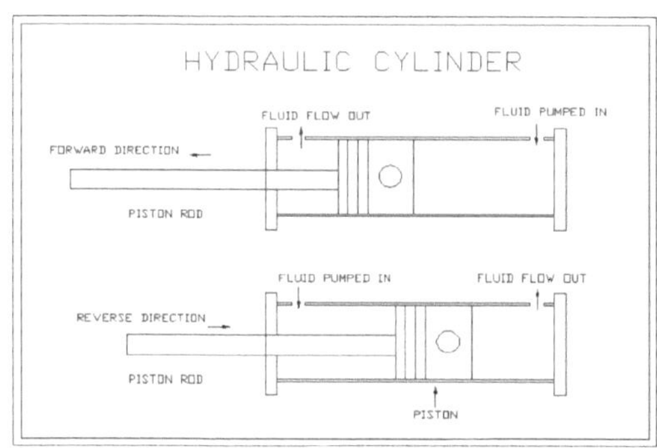

Num sistema hidráulico, os componentes estão interligados através de condutas, permitindo a colocação flexível de peças em diferentes locais. O fluxo de óleo pode ser controlado com precisão através de válvulas, permitindo ajustes de velocidade suaves e contínuos. Além disso, o óleo proporciona um efeito de amortecimento, absorvendo as cargas de choque, o que ajuda prolongar a vida útil dos componentes do sistema. Os sistemas hidráulicos são capazes de gerar forças muito grandes com perdas mínimas de energia e também permitem a multiplicação de forças com modificações mínimas. Em caso de sobrecarga, o sistema alivia automaticamente a pressão, protegendo os componentes contra danos e evitando o esforço excessivo

Uma vez que o óleo hidráulico é incompressível, o sistema é altamente reativo, tornando-o ideal para tarefas que requerem um funcionamento instantâneo. Isto elimina problemas como a folga, que são comuns nos sistemas mecânicos. A manutenção dos sistemas hidráulicos é relativamente simples, uma vez que o próprio óleo transporta o calor gerado pelas chumaceiras e pelas peças móveis, eliminando a necessidade de mecanismos de arrefecimento adicionais. O sistema também permite um movimento de retorno rápido dos componentes com uma complexidade mínima, reduzindo os tempos de inatividade durante as operações de maquinagem e melhorando a eficiência global do . Com estas caraterísticas, os sistemas hidráulicos oferecem um elevado nível de fiabilidade e fiabilidade a longo prazo.

4.3 ROLAMENTO

Uma chumaceira é um componente mecânico concebido para permitir um movimento relativo controlado entre duas peças, permitindo normalmente um movimento rotativo ou linear. As chumaceiras são classificadas com base no tipo de movimento que facilitam e no princípio pelo qual funcionam. São cruciais para reduzir o atrito, aumentar a eficiência, minimizar o desgaste e permitir operações a alta velocidade. Uma chumaceira reduz o atrito de várias formas: através da sua conceção geométrica, do material de que é feita ou através da introdução de uma camada de fluido entre as superfícies.

Em termos de conceção, os rolamentos apresentam frequentemente elementos esféricos ou de rolos, que ajudam a distribuir a carga de forma mais eficaz. Relativamente aos materiais, a escolha do material do rolamento explora propriedades específicas para melhorar o desempenho. Os rolamentos são normalmente classificados em rolamentos deslizantes e rolamentos de elementos rolantes. Os rolamentos deslizantes, também conhecidos como casquilhos, buchas, mancais, mancais de deslizamento ou rolamentos lisos, dependem do contacto direto entre superfícies para gerir o movimento. Os rolamentos de elementos rolantes, como os rolamentos de esferas e os rolamentos de rolos, utilizam componentes rolantes para reduzir o atrito. Outro tipo especializado são os rolamentos de jóias, em que a carga é suportada por um eixo rolante ligeiramente descentrado, minimizando o atrito. Os rolamentos de fluido utilizam um gás ou líquido para transportar a carga, proporcionando um movimento mais suave. Os rolamentos magnéticos, pelo contrário, utilizam um campo magnético para suspender a carga sem contacto físico, reduzindo significativamente o atrito. Os rolamentos de flexão suportam o movimento utilizando um elemento de carga de flexão, oferecendo vantagens únicas em aplicações específicas. Os rolamentos variam muito em termos das forças que podem suportar, que podem ser radiais (actuando perpendicularmente ao eixo), axiais (rolamentos axiais que lidam com forças ao longo do eixo) ou momentos (forças que causam rotação). Diferentes tipos de rolamentos são projectados para acomodar diferentes níveis de velocidade e força. A velocidade máxima relativa da superfície que um rolamento pode suportar é uma especificação crítica e é frequentemente medida em pés por segundo (ft/s) ou metros por segundo (m/s). Existe uma considerável sobreposição nas capacidades dos diferentes tipos de rolamentos, mas, em geral, os rolamentos lisos tendem a ser mais adequados para aplicações de baixa velocidade, enquanto os rolamentos de elementos rolantes podem suportar velocidades mais elevadas. Os rolamentos hidrostáticos oferecem capacidades de velocidade ainda maiores, seguidos pelos rolamentos de gás, que podem suportar operações ainda mais rápidas. Os rolamentos magnéticos são os mais avançados, sem limite superior conhecido para a velocidade, oferecendo um desempenho sem paralelo para aplicações de alta velocidade.

Diferentes tipos de rolamentos

Existem muitos tipos de rolamentos, cada um utilizado para diferentes fins, individualmente ou em combinações. Estes incluem rolamentos de esferas, rolamentos de rolos, rolamentos axiais de esferas, rolamentos axiais de rolos e rolamentos axiais de rolos cónicos. Neste projeto, utilizámos rolamentos de esferas porque a carga é constante e podem suportar cargas radiais e axiais. Além disso, os rolamentos de esferas são os rolamentos mais utilizados e são utilizados em várias aplicações.

Os rolamentos de esferas, como se mostra à esquerda, são de longe o tipo mais comum. Encontram-se em tudo, desde pranchas de skate a máquinas de lavar roupa e discos rígidos de PC. Estes rolamentos são capazes de suportar cargas radiais e axiais, e são normalmente encontrados em aplicações onde a carga é leve a média e é de natureza constante (ou seja, não é uma carga de choque). O rolamento mostrado aqui tem o anel externo cortado, revelando as esferas e o retentor de esferas.

4.4 CHUMACEIRA DE ALMOFADA:

Um pillow block é um tipo de pedestal utilizado para suportar um eixo rotativo, normalmente com rolamentos compatíveis e vários acessórios que garantem um funcionamento suave. Estas caixas são normalmente fabricadas com materiais como ferro fundido ou aço fundido para maior durabilidade e resistência. Na sua forma mais básica, um pillow block consiste numa caixa que incorpora um rolamento anti-fricção. É concebido de forma a que o eixo montado fique paralelo à superfície de montagem, sendo perpendicular à linha central dos orifícios de montagem. Este facto distingue as chumaceiras de almofada de outros tipos de suportes de rolamentos, tais como blocos de flange ou unidades de flange, que são concebidos de forma diferente.

Os blocos de almofada podem conter rolamentos com uma variedade de elementos rolantes, incluindo rolamentos de esferas, rolos cilíndricos, rolos esféricos, rolos cónicos, ou mesmo casquilhos metálicos ou sintéticos. O tipo específico de corpo rolante utilizado determina a classificação do pillow block, tornando-o adequado para diferentes condições de carga e velocidade. Estes blocos diferem dos "blocos de prumo", que são caixas de rolamentos que vêm sem rolamentos e são geralmente concebidos para suportar classificações de carga mais elevadas, com o rolamento instalado separadamente.

A principal função dos blocos de almofada e dos mancais de prumo é montar com segurança um rolamento, permitindo que o anel exterior permaneça estacionário e que o anel interior rode. A caixa é normalmente aparafusada a uma fundação através de orifícios de montagem na sua base, garantindo estabilidade. As caixas de rolamentos podem ser do tipo bipartido ou sólido. As caixas bipartidas geralmente consistem em duas peças, com uma tampa e uma base destacáveis, enquanto as caixas sólidas são unidades de peça única. Para garantir um desempenho ótimo, os blocos de almofada incorporam frequentemente várias disposições de vedação que impedem a entrada de poeiras e contaminantes na caixa, protegendo o rolamento de danos ambientais. Este sistema de vedação ajuda a manter um ambiente operacional limpo, permitindo que o rolamento gire livre e suavemente, ao mesmo tempo em que retém a lubrificação necessária, seja óleo ou graxa. Isto contribui para um melhor desempenho da chumaceira e um ciclo de funcionamento mais longo, reduzindo os riscos de contaminação e desgaste.

4.5 VÁLVULA ANTI-RETORNO

Uma válvula de retenção, válvula de bloqueio, **válvula anti-retorno** ou válvula unidirecional é um dispositivo mecânico, uma válvula, que normalmente permite que o fluido (líquido ou gás) passe através dela apenas numa direção. As válvulas de retenção são válvulas de duas portas, o que significa que têm duas aberturas no corpo, uma para o fluido entrar e outra para o fluido sair. Existem vários tipos de válvulas de retenção utilizadas numa grande variedade de aplicações. As válvulas de retenção fazem frequentemente parte de artigos domésticos comuns. Embora estejam disponíveis numa vasta gama de tamanhos e custos, as válvulas de retenção são geralmente muito pequenas, simples e/ou baratas. As válvulas de retenção funcionam automaticamente e, na sua maioria, não são controladas por uma pessoa ou por qualquer controlo externo; consequentemente, a maior parte não tem qualquer manípulo ou haste. Os corpos (invólucros externos) da maioria das válvulas de retenção são feitos de plástico ou metal. Um conceito importante nas válvulas de retenção é a pressão de fissuração, que é a pressão mínima a montante à qual a válvula funcionará. Normalmente, a válvula de retenção é projectada e pode, portanto, ser especificada para uma pressão de fissuração específica.

4.6 TUBO:

Uma mangueira é um tubo flexível e oco, concebido especificamente para transportar fluidos ou gases de um local para outro. Embora as mangueiras sejam por vezes por tubos ou canos, a principal distinção é que um "cano" refere-se normalmente a uma estrutura rígida e sólida, enquanto uma "mangueira" é geralmente flexível. Em termos mais gerais, as mangueiras são classificadas como tubos. A forma típica de uma mangueira é cilíndrica, com uma secção transversal circular, o que ajuda a facilitar o fluxo suave de fluido ou de ar. A conceção de uma mangueira é determinada pelos requisitos específicos da aplicação e do desempenho. Vários factores importantes influenciam a sua conceção, incluindo o tamanho, a pressão nominal, o peso, o comprimento, se a mangueira é direita ou enrolada, e a sua compatibilidade química com as substâncias que irá transportar. Estas considerações garantem que a mangueira funciona de forma eficaz e segura em várias condições. As mangueiras são fabricadas com uma vasta gama de materiais, muitas vezes escolhidos com base nas condições ambientais e na pressão nominal necessária para aplicação. Os materiais comuns incluem nylon, poliuretano, polietileno, PVC e borrachas sintéticas e naturais, cada um oferecendo propriedades distintas adequadas a diferentes ambientes e casos de utilização. Nos últimos anos, os tipos especializados de polietileno, como o Polietileno de Baixa Densidade (LDPE) e o Polietileno Linear de Baixa Densidade (LLDPE), ganharam popularidade devido à sua maior flexibilidade e durabilidade. Outros materiais utilizados na construção de mangueiras incluem o PTFE (Teflon), conhecido pela sua resistência a temperaturas extremas e a produtos químicos, bem como o aço inoxidável e outros metais, que proporcionam força e resistência à corrosão em ambientes exigentes.

4.7 ACCIONAMENTO POR CORRENTE:

Uma transmissão por corrente é um método de transmissão de energia mecânica de um componente para outro, normalmente utilizado em sistemas onde é necessário transferir movimento rotacional ou binário. Uma das aplicações mais comuns das transmissões por corrente é em veículos, especialmente bicicletas e motociclos, onde transmitem eficientemente a potência às rodas. No entanto, as transmissões por corrente também são utilizadas numa vasta gama de outras máquinas e equipamentos industriais, proporcionando uma transmissão de energia fiável e duradoura. Num sistema de transmissão por corrente, a potência é transmitida através de uma corrente de rolos, frequentemente designada por "corrente de transmissão". Esta corrente passa por uma ou mais rodas dentadas, onde os dentes das rodas dentadas se encaixam nos orifícios dos elos da corrente. À medida que a roda dentada roda, puxa a corrente, transferindo força mecânica para os componentes ligados. Esta configuração é altamente eficaz porque o encravamento dos dentes da roda dentada com a corrente assegura uma transferência de potência segura e estável, minimizando o risco de deslizamento que pode ocorrer noutros tipos de accionamentos mecânicos. O resultado é um movimento suave e eficiente que pode ser utilizado para acionar rodas, correias transportadoras ou outros sistemas mecânicos que exijam movimento rotativo.

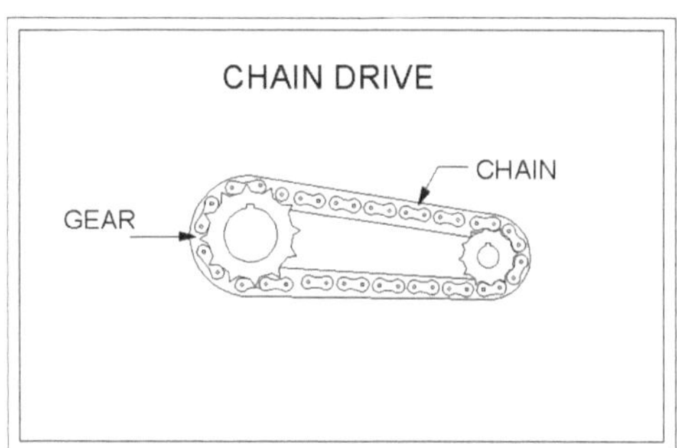

4.8 SPROCKET:

Uma roda dentada é uma roda especialmente concebida com dentes que se ligam a uma corrente para transmitir movimento. É feita de materiais selecionados pela sua resistência e durabilidade, garantindo um desempenho fiável em vários sistemas mecânicos. Ao contrário das engrenagens, que se engrenam diretamente umas com as outras, as rodas dentadas não são concebidas para se interligarem com outras rodas dentadas. Em vez disso, trabalham em conjunto com uma corrente, que passa sobre os dentes da roda dentada, criando o movimento de rotação necessário. Nos veículos, a roda dentada de acionamento pode ser posicionada à frente ou atrás, dependendo da conceção do sistema. As rodas dentadas diferem das polias na medida em que, normalmente, não têm flanges nos seus lados, caraterísticas normalmente encontradas nas polias. A sua função principal é transferir movimento rotativo entre dois veios, especialmente em situações em que as engrenagens não são adequadas. Além disso, as rodas dentadas podem ser utilizadas para converter o movimento rotativo em movimento linear, como nos sistemas que envolvem rastos (por exemplo, em bicicletas, motociclos ou veículos com rastos). Esta capacidade torna as rodas dentadas inestimáveis em aplicações em que é necessário um movimento contínuo ou a transferência de potência através de distâncias, tais como sistemas de transporte ou veículos que utilizam propulsão baseada em rastos.

4.9 RODA:

Uma roda é um dispositivo mecânico circular concebido para rodar em torno do seu eixo central, facilitando o movimento, o transporte ou a realização de tarefas específicas em máquinas. Ao trabalhar em conjunto com um eixo, uma roda ajuda a reduzir o atrito e permite o movimento através do rolamento, que é muito mais eficiente do que o deslizamento. Para que uma roda gire, é necessário aplicar uma força, conhecida como momento, em torno do seu eixo. Este momento pode ser fornecido pela gravidade ou por uma força externa, como a aplicação de um motor ou esforço manual. Uma das aplicações mais comuns das rodas é nos transportes, como os veículos, mas o termo "roda" também se pode referir a outros objectos circulares que rodam, como a roda de um navio ou um volante de motor.

A principal função da roda é proporcionar uma forma eficiente de mover objectos através de uma superfície, especialmente quando existe uma força que empurra o objeto contra a superfície. Por exemplo, uma carroça puxada por cavalos utiliza rodas para facilitar o movimento e, nos aviões, os rolos são utilizados em mecanismos de flap para um funcionamento mais suave. Embora a roda em si não seja uma máquina, é frequentemente combinada com outros componentes, como os eixos, para formar um sistema que permite o movimento. Esta combinação, conhecida como roda e eixo, é considerada uma das seis máquinas simples, um conceito fundamental da física. As rodas são normalmente utilizadas em conjunto com eixos, em que a roda gira sobre o eixo ou o eixo gira dentro do corpo do objeto. Em ambos os casos, a mecânica é essencialmente a mesma, uma vez que a força normal na interface de deslizamento entre o eixo e a roda permanece consistente. A principal vantagem de um sistema de rodas é que a distância de deslizamento é minimizada, tornando o movimento mais eficiente numa determinada distância. Além disso, o coeficiente de atrito na interface é normalmente mais baixo do que nos sistemas sem rodas, o que resulta numa menor perda de energia e num movimento mais suave.

4.10 CAIXA DE ENGRENAGEM:

É utilizada uma caixa de engrenagens do tipo sem-fim.

- Os accionamentos de parafuso sem-fim são um meio compacto de diminuir substancialmente a velocidade e aumentar o binário.
- Os pequenos motores eléctricos são geralmente de alta velocidade e de baixo binário; a adição de um parafuso sem-fim aumenta a gama de aplicações para as quais podem ser adequados, especialmente quando se considera a compacidade do parafuso sem-fim.
- Os accionamentos de parafuso sem-fim são utilizados em prensas, em laminadores, na engenharia de transporte, em máquinas da indústria mineira e em lemes.
- Além disso, as cabeças de fresagem e as mesas rotativas são posicionadas através de accionamentos de parafuso sem-fim duplex de alta precisão com folga ajustável.
- Neste projeto, é utilizada uma caixa de velocidades com uma relação de transmissão de 1:40.

CAPÍTULO - 5
PROCESSO DE MAQUINAGEM

Durante o processo de fabrico, foram envolvidos vários processos de maquinagem.

São eles

- SOLDAGEM
- CORTE
- PERFURAÇÃO
- ABORRECIMENTO

5.1 SOLDAGEM:

A soldadura é um processo utilizado no fabrico e na escultura para unir materiais, normalmente metais ou termoplásticos, através da aplicação de calor intenso para fundir as peças e depois deixá-las arrefecer, o que resulta na fusão. Esta técnica é diferente de outros métodos de união de metais, como a brasagem e a soldadura, que envolvem temperaturas mais baixas e não derretem o material de base. A soldadura depende de várias fontes de energia para gerar o calor necessário, incluindo uma chama do gás (energia química), um arco elétrico (energia eléctrica), lasers, feixes de electrões, fricção e ultra-sons. Embora a soldadura esteja normalmente associada a aplicações industriais, pode ser realizada numa vasta gama de ambientes, incluindo ao ar livre, debaixo de água e até no espaço exterior. Cada ambiente apresenta desafios únicos, mas a soldadura continua a ser uma técnica crucial para a montagem ou reparação de componentes em vários domínios, desde a construção à indústria aeroespacial. No entanto, a soldadura é inerentemente perigosa e requer precauções de segurança rigorosas para evitar lesões. Os soldadores devem ter cuidado com potenciais riscos, como queimaduras, choques eléctricos, lesões oculares provocadas pela luz intensa, inalação de gases e fumos tóxicos e exposição a radiação ultravioleta nociva. O equipamento de proteção adequado, como capacetes de soldadura, luvas e proteção respiratória, é essencial para garantir a segurança durante processo. Neste projeto, foram utilizados dois tipos de soldadura.

- SOLDAGEM A ARCO
- SOLDAGEM A GÁS

SOLDAGEM A ARCO:

A soldadura por arco é uma técnica de soldadura utilizada para unir componentes metálicos através da utilização de eletricidade para gerar calor, que é suficiente para fundir os metais. Quando os metais fundidos arrefecem e solidificam, fundem-se, criando uma forte ligação entre os materiais. O processo envolve a utilização de uma fonte de alimentação de soldadura para criar um arco elétrico entre um elétrodo (um bastão de metal) e o material de base. Este arco gera o calor intenso necessário para fundir os metais no ponto de contacto. A soldadura por arco pode ser realizada utilizando corrente contínua (CC) ou corrente alternada (CA), e pode envolver eléctrodos consumíveis, que se fundem e se tornam parte da soldadura, ou eléctrodos não consumíveis, que não se fundem durante o processo. Para proteger a área de soldadura de contaminantes como o oxigénio e a humidade, que poderiam comprometer a qualidade da soldadura, a soldadura por arco utiliza normalmente um gás de proteção, vapor ou escória para criar uma barreira protetora. O processo em si pode variar em complexidade, desde o funcionamento manual a sistemas semi-automáticos ou totalmente automatizados, dependendo dos requisitos do projeto. A soldadura por arco foi desenvolvida pela primeira vez no final do século XIX e ganhou uma importância significativa durante a Segunda Guerra Mundial, especialmente na construção naval, devido à sua capacidade de unir rápida e eficazmente grandes peças metálicas. Atualmente, continua a ser uma técnica fundamental no fabrico de estruturas de aço, veículos e várias aplicações industriais. Neste projeto, a estrutura foi montada utilizando o processo de soldadura por arco, garantindo uma estrutura forte e duradoura para o produto final.

SOLDAGEM A GÁS:

A soldadura a gás é um tipo de processo de soldadura que funciona no estado líquido, em que os gases combustíveis são queimados para gerar calor elevado. Este calor é depois utilizado para fundir as superfícies dos materiais que estão a ser soldados, permitindo-lhes fundir-se e formar uma junta forte. O gás combustível mais utilizado na soldadura a gás é uma mistura de oxigénio e acetileno, conhecida por produzir uma chama altamente concentrada e intensa, ideal para fundir metal. O processo de soldadura a gás pode ser realizado com ou sem a utilização de material de enchimento, dependendo dos requisitos da soldadura específica. Quando se utiliza material de enchimento, este é introduzido manualmente na zona de soldadura, ajudando a preencher eventuais lacunas e assegurando uma ligação mais forte e duradoura entre os materiais. A soldadura a gás é particularmente versátil, permitindo uma variedade de posições e aplicações de soldadura. Neste trabalho, o diâmetro da roda dentada foi aumentado utilizando o processo de soldadura a gás. Isto envolveu a aplicação cuidadosa do calor gerado pela chama oxi-acetilénica à roda dentada, permitindo efetuar as alterações necessárias ao seu tamanho e forma, assegurando que cumpria as especificações exigidas.

5.2 CORTE:

O corte de metal é o processo de moldar ou redimensionar barras de aço em dimensões específicas, o que é essencial na construção da estrutura de um projeto. Uma ferramenta comum utilizada para este fim é uma serra de fita, que é eficaz para efetuar cortes precisos no aço. Para além das serras de fita, as serras abrasivas, também conhecidas como serras de corte ou serras de corte de metal, são muito utilizadas para cortar materiais mais duros, especialmente metais. Uma serra abrasiva funciona com um disco abrasivo rotativo, semelhante a uma mó fina, para efetuar a ação de corte. Estas serras têm normalmente um torno incorporado ou um sistema de fixação para manter o material firmemente no lugar durante o processo de corte. O disco de corte, juntamente com o motor, é montado num braço giratório que está ligado a uma placa de base fixa, permitindo um movimento suave e controlado. As serras utilizam normalmente lâminas de disco de fricção compostas, que se desgastam à medida que cortam abrasivamente o aço e outros metais. Estes discos abrasivos são artigos consumíveis, o que significa que têm de ser substituídos após uma utilização prolongada devido ao desgaste. Um disco abrasivo típico para estas serras mede cerca de 14 polegadas (360 mm) de diâmetro e 7/64 polegadas (2,8 mm) de espessura, embora os modelos maiores possam utilizar discos até 16 polegadas (410 mm) de diâmetro. Os discos estão disponíveis em vários tipos, com específicos concebidos para cortar aço, aço inoxidável e outros materiais duros. A capacidade da serra abrasiva para cortar materiais duros torna-a uma ferramenta vital na metalurgia e na construção, particularmente para criar as dimensões necessárias dos componentes estruturais.

5.3 PERFURAÇÃO:

A perfuração é um processo de corte preciso utilizado para criar furos com uma secção transversal circular em materiais sólidos. Este processo envolve a utilização de uma broca, que é tipicamente uma ferramenta de corte rotativa que apresenta frequentemente vários pontos de corte para remover eficazmente o material. A broca é pressionada contra a peça de trabalho e rodada a altas velocidades, normalmente entre centenas e milhares de rotações por minuto (RPM). À medida que a broca gira, as suas arestas de corte afiadas entram em contacto com o material, cortando as aparas e formando gradualmente um furo na peça de trabalho. No contexto deste projeto, a perfuração foi utilizada para criar orifícios na estrutura para facilitar a instalação e a fixação de vários componentes. A exatidão e a precisão do processo de perfuração foram essenciais para garantir que os furos estavam corretamente alinhados e dimensionados para os fixadores e peças necessários, assegurando a integridade estrutural da estrutura montada.

5.4 ABORRECIDO:

O mandrilamento é um processo de maquinação utilizado para alargar um furo existente que já foi perfurado ou fundido, normalmente utilizando uma ferramenta de corte de ponta única ou uma cabeça de mandrilamento equipada com várias ferramentas deste tipo. Esta técnica é normalmente utilizada em aplicações que requerem elevada precisão, como no mandrilamento de um cano de arma ou de um cilindro de motor, em que um diâmetro interno preciso e suave é fundamental. O mandrilamento permite um maior controlo sobre o diâmetro do furo, permitindo alcançar tolerâncias apertadas e medidas exactas. Além disso, pode ser utilizado para criar furos cónicos, em que o diâmetro muda gradualmente ao longo do comprimento do furo. Essencialmente, o mandrilamento pode ser considerado como a contrapartida do torneamento, que é utilizado para cortar diâmetros externos. Enquanto o torneamento se concentra em moldar a superfície externa de uma peça, o mandrilamento é dedicado a refinar o diâmetro interno de um furo. projeto, o diâmetro interno das engrenagens da roda dentada foi aumentado utilizando a operação de perfuração, assegurando que as engrenagens encaixavam perfeitamente e funcionavam eficientemente dentro do conjunto mecânico. A precisão do processo de perfuração foi essencial para alcançar o ajuste e a funcionalidade necessários para as rodas dentadas.

CAPÍTULO - 6
MECANISMOS

6.1 MECANISMO DE CORRENTE E PINHÃO:

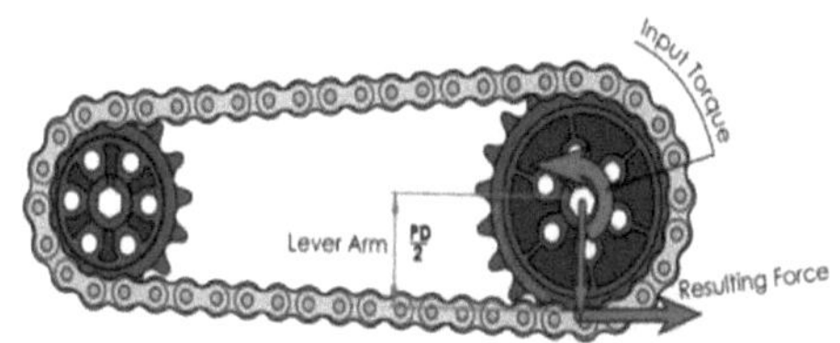

As correntes e as rodas dentadas são elementos indispensáveis na transmissão de potência. Têm uma vantagem sobre todos os outros métodos de transmissão de potência, em especial quando o ponto de acionamento e o ponto de tração estão situados a uma distância central curta um do outro. São também designadas por correntes de rolos e rodas dentadas devido aos rolos utilizados na ligação.

Os pontos mais importantes da transmissão por corrente são

1. A transmissão por corrente elimina o deslizamento e a fluência e, por conseguinte, proporciona uma relação de velocidade constante.
2. Na maioria dos casos, a corrente e a roda dentada, sendo ambas fabricadas em aço, tendem a desgastar-se a um ritmo mais lento, pelo que se obtém sempre uma longa vida útil.
3. Têm a flexibilidade de um acionamento por correia e podem, portanto, ser utilizados para acionar vários veios a partir de uma única fonte.
4. Têm a capacidade de trabalhar em ambientes muito sujos com o mínimo de cuidados.

6.2 MECANISMO DE ALIMENTAÇÃO DE CHÁVENAS:

O mecanismo é composto por um eixo circular equipado com vários discos circulares, cada um dos quais equipado com várias chávenas ou colheres dispostas ao longo de um percurso circular. Este conjunto é colocado no fundo da caixa de sementes para facilitar o processo de distribuição das sementes. Ao rodar, o eixo acciona a rotação dos discos, fazendo com que os copos se desloquem em movimento circular. Estes copos são concebidos para recolher as sementes à medida que estas passam pela caixa de sementes. Uma vez recolhidas pelos copos, as sementes são depositadas num funil, que as canaliza através de um tubo de sementes para os sulcos de plantação.

Os copos são especificamente concebidos com duas faces distintas: um lado destina-se a acomodar sementes maiores, enquanto o outro lado é moldado para lidar com sementes mais pequenas. Este design de dupla face garante que o mecanismo pode gerir eficazmente uma variedade de tamanhos de sementes, proporcionando uma distribuição de sementes mais eficiente e uniforme. O sistema rotativo de disco e copo oferece um método preciso de distribuição de sementes no solo, assegurando uma profundidade de plantação e um espaçamento ideais para um melhor crescimento das culturas.

CAPÍTULO - 7
PROCESSO AGRÍCOLA

Os vários processos levados a cabo pelo projeto são

- Lavoura
- Semeadura
- Pulverização de água e pesticidas
- Cortar.
- LAVOURA:

A lavoura é um dos passos iniciais e mais essenciais na agricultura, lançando as bases para uma época de plantação bem sucedida. O processo consiste em lavrar o solo para o preparar para a sementeira. Lavrar, neste contexto, refere-se à utilização de um arado - uma ferramenta agrícola com uma estrutura semelhante a um dente na extremidade - que se destina a quebrar e revolver a camada superior do solo. À medida que a charrua se desloca pela terra, levanta e revolve o solo, misturando-o bem no processo.

O principal objetivo da lavoura é revolver a camada superior do solo, trazendo à superfície solo fresco e rico em nutrientes, ao mesmo tempo que enterra as ervas daninhas, os resíduos vegetais e os restos de culturas anteriores. Isto ajuda a decompor a matéria orgânica, enriquecendo o solo e aumentando a sua fertilidade. Além disso, ao arrancar as ervas daninhas e misturá-las no solo, a lavoura ajuda a evitar que as ervas daninhas cresçam novamente e concorram com as culturas recém-plantadas. Em geral, a lavoura melhora a estrutura do solo, permite uma melhor absorção de água e cria um ambiente mais propício ao crescimento e desenvolvimento das sementes.

▶ Semeadura

O passo seguinte crucial no processo agrícola é a sementeira, em que as sementes devem ser colocadas no solo em intervalos consistentes para um crescimento ótimo . Este processo é normalmente controlado automaticamente para garantir a precisão e a uniformidade da colocação das sementes. Para regular o fluxo de sementes da câmara de sementeira, são criados mecanismos para limitar a quantidade de sementes distribuídas, assegurando que o número correto de sementes é plantado em cada linha. Para facilitar a plantação, é utilizado um perfurador de lama para criar pequenas aberturas ou sulcos no solo, proporcionando espaço para as sementes serem lançadas. Esta ferramenta foi concebida para penetrar no solo, facilitando a colocação das sementes à profundidade correta. Depois de as sementes serem colocadas nos sulcos, é utilizada uma niveladora de lama para fechar o solo sobre as sementes, cobrindo-as suavemente para garantir um contacto adequado com o solo. Para além disso, a niveladora de lama ajuda a alisar a superfície do solo, assegurando que o terreno está nivelado e preparado para o cultivo posterior. Este sistema coordenado de ferramentas assegura que as sementes são plantadas com precisão e eficiência, promovendo uma melhor germinação das sementes e o crescimento das culturas.

▶ Pulverização de água e pesticidas

Um pulverizador com bomba de água é uma ferramenta essencial utilizada para irrigar a terra, pulverizando água sobre o solo, assegurando que as culturas recebem a hidratação necessária para um crescimento saudável. Para além da rega, este dispositivo versátil também pode ser utilizado para aplicar vários produtos químicos, como pesticidas, herbicidas ou fertilizantes, às culturas. Ao utilizar o pulverizador, os agricultores podem distribuir eficazmente estas substâncias pelo campo, visando áreas específicas com precisão. Isto garante que as culturas são tratadas eficazmente, promovendo o controlo de pragas e melhorando a fertilidade do solo, ao mesmo tempo que conservam os recursos reduzindo o desperdício. O pulverizador de bomba de água, com as suas definições de pulverização ajustáveis, oferece flexibilidade na cobertura, permitindo uma distribuição uniforme e optimizando a utilização da água e de outros insumos agrícolas.

▶ Cortar

O corte é um processo importante na agricultura, especificamente para a preparação de forragens para o gado. Consiste em cortar a erva ou outro tipo de forragem em pedaços mais pequenos para facilitar o seu consumo e digestão pelo gado. Para o efeito, é normalmente utilizado um cortador de palha. Um cortador de palha é um dispositivo mecânico concebido para cortar eficientemente palha, feno ou outros materiais vegetais em pedaços finos. Estes pedaços cortados são depois misturados com outros ingredientes da ração para criar uma refeição equilibrada e de fácil digestão para os animais, como vacas e cavalos. Ao dividir a forragem em porções mais pequenas e mais fáceis de gerir, o cortador de palha ajuda na digestão dos animais, assegurando que podem mastigar e absorver facilmente os nutrientes. Além disso, o corte evita que os animais rejeitem seletivamente certas partes da sua comida, promovendo uma melhor alimentação e nutrição globais. Este processo não só aumenta a eficiência das práticas de alimentação, como também contribui para o bem-estar e a saúde dos animais.

CAPÍTULO - 8
CONCEPÇÃO E FABRICO

Neste projeto, todos os componentes são colocados na estrutura de base. Por isso, a estrutura de base tem de ser construída com elementos de suporte suficientes para suportar a carga.

- O chassis foi concebido para acomodar a caixa de velocidades, a bomba, as engrenagens e as correntes, a tremonha, o depósito de água, o cortador e a haste de lavoura.
- A dimensão da estrutura é: 1200mm * 800mm * 20mm
- O quadro está dividido em três secções de 400 mm.
- A primeira secção tem a caixa de velocidades e a lata.
- A segunda secção tem uma tremonha.
- A terceira secção é constituída pela bomba, pelo picador e pela haste de lavoura.

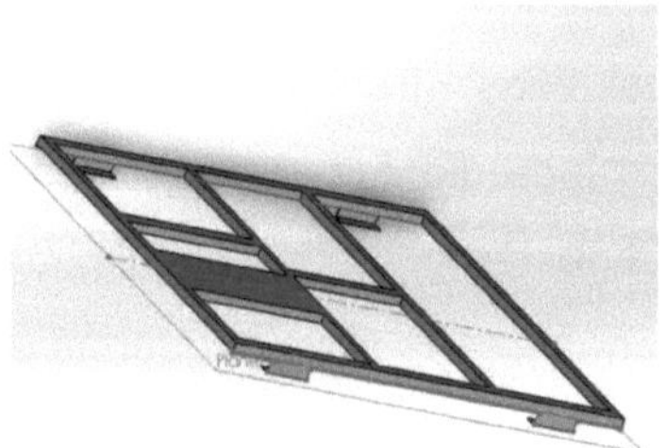

Outro membro de apoio, para além da estrutura principal, é a estrutura da barra de lavoura. A estrutura da barra de lavoura tem uma barra no centro que ajuda a mover a estrutura para cima e para baixo.

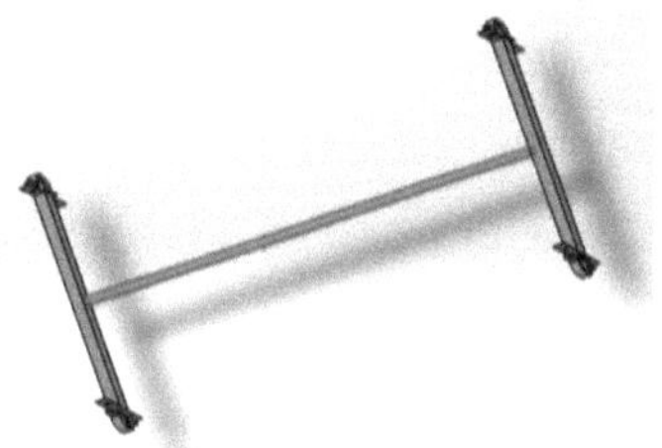

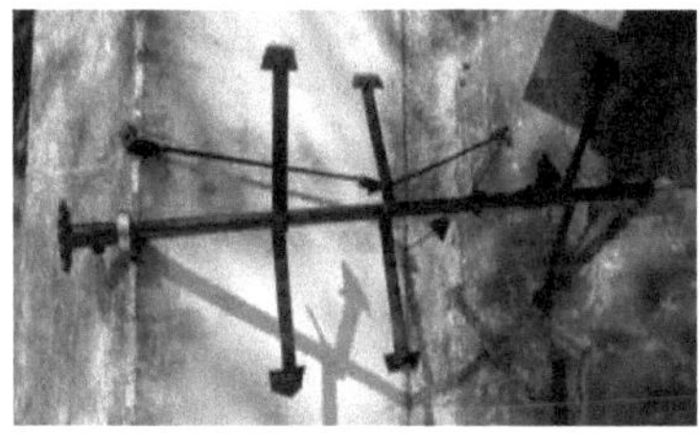

A vara de arar tem as lâminas ligadas a ela. Estas lâminas ajudam a lavrar a terra.

CONCEPÇÃO DO VEÍCULO:

CAPÍTULO - 9

PRINCÍPIO DE FUNCIONAMENTO

A máquina agrícola polivalente foi concebida para executar quatro tarefas agrícolas distintas, simplificando o fluxo de trabalho na exploração agrícola. Cada um destes processos é alimentado por um trator, utilizando a sua potência de saída e uma caixa de velocidades para facilitar as operações. A transmissão de potência e binário é gerida de forma eficiente através de uma combinação de mecanismos de correntes e rodas dentadas, bem como de transmissões por correia. Estes sistemas mecânicos asseguram que a força necessária é transferida sem problemas para os vários componentes da máquina, permitindo-lhe realizar tarefas como lavrar, semear, pulverizar e cortar. Ao aproveitar a potência do trator, a máquina oferece uma solução económica e versátil, permitindo que os agricultores realizem várias operações com uma única peça de equipamento. Este sistema de potência integrado garante um desempenho suave e reduz a necessidade de fontes de combustível adicionais, tornando a máquina altamente eficiente e económica para utilização agrícola.

LAVOURA:

A principal função da lavoura é revolver a camada superior do solo, o que traz novos nutrientes à superfície e, simultaneamente, enterra as ervas daninhas e os restos de culturas anteriores. Este processo ajuda a facilitar a decomposição da matéria orgânica, enriquecendo o solo para o ciclo de plantação seguinte. A haste de lavoura é fixada de forma segura na traseira do veículo através de grampos e rolamentos para garantir a estabilidade durante a operação. As lâminas de lavoura, responsáveis por quebrar e revolver o solo, são fixadas a uma estrutura de suporte. Neste caso, são aparafusadas à haste, proporcionando uma ligação firme que lhes permite realizar a sua tarefa eficientemente. A própria haste de lavoura é montada com um conjunto de parafusos e porcas, permitindo ajustar a altura da haste em relação ao solo. Ao apertar ou desapertar a porca, a posição da haste pode ser levantada ou baixada, oferecendo flexibilidade no ajuste da profundidade da lavoura para se adequar a diferentes condições do solo e necessidades agrícolas. A porca move-se ao longo do parafuso, permitindo ajustes precisos na altura da haste de lavoura. Todo o sistema está ligado a um trator através de uma haste de tomada de força (TDF). Este mecanismo de tomada de força transfere a potência de saída do trator para a entrada da caixa de velocidades, que por sua vez acciona o resto do sistema. A saída da caixa de velocidades está ligada a uma roda dentada na haste de transmissão, assegurando a transferência eficiente de potência. Esta potência é então transmitida à haste final através de um mecanismo de corrente e roda dentada. A haste de lavoura tem uma roda dentada fixada na sua extremidade, que está ligada à haste de extremidade. À medida que a haste roda, a haste de lavoura também roda, permitindo que a máquina lavre o solo até à profundidade desejada. Se necessário, a alimentação da haste de lavoura pode ser desactivada desligando simplesmente a roda dentada da extremidade, permitindo que a máquina pare a operação de lavoura. Este sistema assegura uma lavoura eficiente, ajustável e controlada do solo, tornando-a numa ferramenta versátil para os agricultores.

SEMENTEIRA:

A sementeira, também conhecida como semeadura, é uma prática agrícola crucial que envolve a colocação cuidadosa de sementes no solo para garantir uma germinação óptima e um crescimento saudável das plantas. Uma sementeira bem sucedida requer precisão em vários factores-chave. Em primeiro lugar, deve ser colocada a quantidade correta de sementes por unidade de área para evitar o excesso ou a falta de sementeira, o que pode prejudicar o desenvolvimento das plantas. Além disso, as sementes devem ser semeadas à profundidade adequada para garantir que não são demasiado superficiais, o que poderia expô-las aos elementos, nem demasiado profundas, o que poderia impedi-las de germinar eficazmente. Outra consideração essencial é o espaçamento entre linhas e plantas. O espaçamento correto entre linhas e entre plantas permite uma circulação de ar adequada, a exposição à luz solar e o acesso a nutrientes, que são vitais para um crescimento saudável. Um processo de sementeira bem executado promove fortes taxas de germinação, resultando numa cultura produtiva e próspera.

O processo de sementeira consiste em três etapas:

- Piercing na lama
- Semeadura de sementes
- Nivelamento de lama

O processo de sementeira começa com a criação de pequenos buracos ou espaços no solo para plantar as sementes. Para o efeito, utiliza-se um perfurador lama, equipado com uma ponta em forma de V concebida para perfurar o solo. O perfurador é introduzido no solo até à profundidade desejada. À medida que o veículo avança, o perfurador avança no solo, criando um espaço ou buraco para as sementes serem plantadas. Uma vez criado o buraco, o passo seguinte é a sementeira propriamente dita. A potência da caixa de velocidades do veículo é transmitida à haste intermédia através de uma transmissão por corrente. Uma polia é fixada à haste intermédia e outra polia é montada na extremidade da haste da tremonha. Estas polias estão ligadas por uma correia, pelo que quando a haste intermédia roda, acciona a polia na haste da tremonha, fazendo com que o disco da tremonha rode também. O disco da tremonha está equipado com vários copos que recolhem as sementes, transferindo-as para o tubo de sementes. As sementes viajam através deste tubo e são depositadas nos orifícios criados pelo perfurador de lama. Após a colocação das sementes no solo, segue-se o nivelador de lama, que assegura que o solo é espalhado uniformemente sobre as sementes, cobrindo-as e proporcionando as condições necessárias para a germinação. Esta sequência de operações garante que as sementes são devidamente semeadas à profundidade correta e espaçadas, maximizando o potencial de crescimento saudável.

GUIA DE PROFUNDIDADE DE PLANTAÇÃO:

VEGETAIS	DISTÂNCIA ENTRE PLANTAS (cm)	PROFUNDIDADE DE PLANTAÇÃO (cm)
Espargos	30	2.5 - 4
Beterraba	3-5	1.5
Brócolos	45-60	0.5-1.5
Couve	45	0.5-1.5
Milho	15-25	2.5
Couve-flor	45-60	0.5-1.5
Cenoura	3-5	1.5
Cebola	5 - 8	1.5 - 3

ÁGUA E PULVERIZAÇÃO DE PESTICIDAS:

A bomba está montada na terceira secção do quadro e está ligada à caixa de velocidades através de uma haste fina. O eixo de saída da caixa de velocidades é soldado a uma placa metálica fina, que serve de ponto de fixação para a haste. A bomba está também equipada com uma válvula anti-retorno, que desempenha um papel fundamental no controlo do fluxo de fluidos. Um dos lados da válvula anti-retorno está ligado a um tubo e a outra extremidade do tubo está ligada à fonte de água. Quando a caixa de velocidades começa a rodar, ativa o atuador da bomba, fazendo com que esta se mova horizontalmente. Este movimento permite que a bomba retire água do reservatório ou do contentor de água através do tubo. A bomba empurra então a água para o solo, assegurando uma rega eficiente. O mesmo mecanismo é utilizado para a aplicação de fertilizantes, em que o sistema retira o fertilizante do seu recipiente e bombeia-o para o solo de forma controlada. Este design permite uma distribuição suave e automatizada da água e dos fertilizantes, optimizando os processos agrícolas.

CORTE:

Em geral, os alimentos para o gado são cortados em pedaços pequenos e manejáveis para melhorar a digestão e assegurar que os animais consomem todas as partes da forragem. A trituração do material vegetal em pedaços finos permite uma digestão mais fácil e evita que os animais comam seletivamente apenas certas partes da forragem. Para o conseguir, é necessária uma máquina equipada com lâminas rotativas. Esta máquina especializada é conhecida como máquina de cortar ou cortador de palha. As lâminas rotativas do cortador de palha trabalham eficazmente para cortar o material vegetal em pedaços pequenos e uniformes, tornando a ração mais fácil de digerir e mais saborosa para o gado, melhorando assim a sua saúde geral e a ingestão de nutrientes.

CONSTRUÇÃO:

Uma haste circular é montada de forma segura entre dois rolamentos, proporcionando um suporte estável para todo o conjunto. Uma extremidade da haste está ligada a uma roldana amovível, enquanto a outra extremidade da roldana está soldada a uma placa de aço. Esta placa de aço serve de base para a fixação da lâmina. Todo o mecanismo é encerrado numa caixa de proteção, garantindo a segurança e a contenção de eventuais detritos. Para permitir o processo de trituração, existe uma abertura na parte da frente da caixa. Através desta abertura, os materiais vegetais, como a palha, são introduzidos no sistema, onde são eficientemente triturados pela lâmina rotativa. Esta configuração assegura um funcionamento suave para cortar e processar o material. O cortador de palha é alimentado diretamente pelo trator. A saída do trator é ligada à entrada do cortador de palha através da haste do pto, de modo a obter as rotações máximas do trator.

CAPÍTULO - 10

CÁLCULOS

SELECÇÃO DA CAIXA DE VELOCIDADES:

O binário necessário para o veículo polivalente pode ser obtido a partir da potência do trator. Geralmente, a potência necessária para lavrar um campo varia entre 20 e 50 cv. Os mini-tractores têm uma potência de 20-25 cv. Para criar a mesma configuração, utilizamos um motor com uma velocidade de 1440 rpm e uma caixa de velocidades com uma relação de transmissão suficiente. O binário necessário para o veículo é calculado pela fórmula

Binário em (libras-pé) = potência em (cv) *5252 / velocidade do motor (rpm)

BINÁRIO= 20

binário = 72,94 lbs-ft

Binário (kg-m)= 72,94 *0,138= 10,06 kg-m

BINÁRIO= 98,68 N-m

Este é o binário mínimo necessário para movimentar o veículo e para efetuar a lavoura e a sementeira. Se for ligado a um trator com um binário mais elevado, não haverá problema, uma vez que este binário é o limite inferior. Geralmente, o binário necessário para lavrar um campo varia entre 150 kg-m e 250 kg-m.

BASEADO NAS RPM:

Os mini-tractores têm rpm entre 600 e 750 rpm. Para semear, precisamos de semear 15 sementes /min. Para que uma rotação de 600 rpm seja reduzida para 15 rpm, é necessário utilizar uma caixa de velocidades

RELAÇÃO DE TRANSMISSÃO= 600 / 15 RELAÇÃO DE TRANSMISSÃO = 40:1

SELECÇÃO DO MOTOR(PROTÓTIPO):

Para fornecer o mesmo binário para a configuração, estamos a utilizar um motor como substituto do trator (temporário). Utilizando um motor de corrente alternada, uma bateria e uma caixa de velocidades, criamos o binário necessário para o protótipo.

Para um motor de x cv com uma velocidade de 1440 rpm,

Relação de transmissão= Binário necessário/binário calculado= 10,06 / x

A relação de transmissão é igual a 40:1, pelo que o binário calculado é 0,251

Para encontrar a potência do motor =Torque *N /5252 =0,251 * 1440 /5252

P =0,5 hp

Assim, temos de utilizar um motor de 0,5 cv com uma relação de caixa de velocidades de 40:1 substituir o trator.

SELECÇÃO DE VARÕES METÁLICOS :

A estrutura e as barras de transmissão são fabricadas em aço macio

$\sigma t = 370$ N/mm(2)FOS = 2 CONSIDERANDO FOS -- → $\sigma t = 185$ N/mm(2)

$\sigma s = 0.5$ (*) t_σ

$\sigma s = 92.5$ N/mm(2)

$T = \pi/16 \times \sigma s \times d^3$

d3=98090 x 16/ 3.142 x92.5

d=17,54 mm Dizer, d= 18 mm

Mas estamos a utilizar um veio de 20 mm, pelo que a conceção é segura

SELECÇÃO DA BOMBA:

Para a pulverização de água e pesticidas, é essencial selecionar uma bomba adequada que satisfaça os requisitos específicos da tarefa. Uma vez que a função principal é pulverizar água, apenas um pequeno volume de água precisa de ser bombeado em cada curso. Especificamente, devem ser bombeados cerca de 140 a 150 mililitros de água por curso. Isto traduz-se na necessidade de uma bomba capaz de lidar com um volume de cerca de 150 centímetros cúbicos (cc) por curso. Tendo em conta estas especificações, selecionámos uma bomba com um diâmetro de 30 mm e um comprimento de curso de 150 mm. Esta configuração assegura que a bomba pode fornecer eficazmente o volume de água necessário em cada curso, ao mesmo tempo que fornece a pressão e o caudal necessários para uma pulverização eficaz. A conceção da bomba escolhida equilibra a necessidade de precisão com a capacidade de gerir eficazmente o processo de pulverização.

CONCLUSÃO

Na prática, o equipamento agrícola polivalente é concebido para executar uma vasta gama de tarefas, incluindo lavoura, fertilização, sementeira, nivelamento e até remoção de ervas daninhas. Os componentes do equipamento estão interligados de tal forma que podem ser facilmente reconfigurados ou montados com fixadores para satisfazer os requisitos específicos de cada fase da operação agrícola. Esta flexibilidade permite que o equipamento seja ajustado ao comprimento e às configurações adequadas com base no tipo de trabalho de campo que está a ser realizado

Uma variedade de ideias de várias disciplinas, combinando inovações de engenharia mecânica com conhecimentos agrícolas para aumentar o rendimento das colheitas, minimizando o trabalho e reduzindo os custos. O conceito subjacente a este equipamento polivalente representa uma abordagem inovadora, com potencial para ser patenteado. Com o seu design versátil, este equipamento pode ser efetivamente implementado em ambientes agrícolas do mundo real, proporcionando uma vantagem significativa em termos de eficiência e produtividade.

REFERÊNCIA

1. V.Achutha, Sharath Chandra, Nataraj.G.K. , "Concept Design and Analysis of Multipurpose Farm Equipment", International Journal of Innovative Research in Advanced Engineering (IJIRAE).

2. Girish e Srihari, "Design and fabrication of multipurpose farm equipment", International Journal for Scientific Research & Development.

3. Suraj V Upadhyaya, VijayaVittalaGowda G, Poojith M B, Vikranth, "A Review of Agricultural Seed Sowing", International Journal of Innovative Research in Science, Engineering and Technology.

4. Kamaraj, M., Akshay Kumar Chhabria, Kartick Kumar e Nishant Kumar. "Conceção e fabrico de ferramentas agrícolas polivalentes equipadas com ciclo de mobilidade". Int J Innov Res Adv Eng (IJIRAE)

5. Dr. C.N.Sakhale, Prof. S.N.Waghmare, "Multipurpose Farm Machine", International Research Journal of Engineering and Technology (IRJET).

ÍNDICE DE CONTEÚDOS

Printed by Books on Demand GmbH, Norderstedt / Germany